U0202741

刘以文　编著
谢凌雁　绘图

少年儿童出版社

我们在春天去踏青，在夏天玩冲浪，在秋天看红叶，在冬天堆雪人。春夏秋冬，气候的变化给了地球迷人的四季，也给了人类一个生机勃勃的世界。

时间在流淌，美丽难永恒。未来的地球，还能如此令人着迷吗？

我是嘟嘟博士，来自领先的化学公司巴斯夫。在这本图画书中，我要带你亲身体验全球变暖带来的影响，还要带你去拜访一些科学家，看看他们为了给地球“降温”，正在做什么。要想成为“低碳一族”，我们该怎么做。

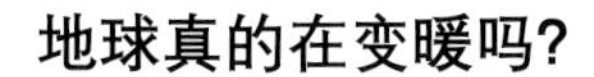

在过去的几千年里，地球平均温度一直很稳定。但是，大约 200 年前，人类进入了工业革命时代，大量的机器出现，到处挖煤开矿，砍伐森林，结果在 20 世纪百年的时间里，全球平均气温上升了约 0.6℃。到了 2019 年，全球平均温度比工业化之前高了约 1.1℃。

你可千万不要觉得温度才升了这么一点点，感觉不到差别。其实，如果按这个上升速度，2030 年的全球气温很可能要比工业化之前升高 2 ~ 3℃；到了 21 世纪末，可能要升高 5℃。到那时，不但夏天会更热，而且冰川消融，海水上涨，你听说过的厄尔尼诺现象和拉尼娜现象也会频繁光顾。

天气变得越来越奇怪了。

我们如何了解古代的气候？

真相大揭秘

古代缺乏气候记录，那么今天的我们又该如何了解古代的气候呢？科学家通过研究历史的沉积物，如古树的年轮、南极和北极冰层中储存的数百甚至上千年前的空气、积累千年而成的钟乳石等，再配合地层化石中动植物的种类和人类早期生活的记录，来分析出古代的气候情况，并将这些信息和现在的气候情况作比较，从而判断地球是否真的在变暖。

地球上的冰川是如何生成的？

科学家发现，远古时期，地球大气中缺少温室气体，太阳辐射到地球的热量大多被反射回了太空，导致地球温度过低，几乎全球的水都结成了冰，这称为冰河时期。后来，大气成分发生变化，冰川逐步退去，融化成水并汇集成海洋和湖泊。我们现在看到的冰川，就是地球冰河时期残留下来的。同时，冰川在变化过程中不断“切割”大地，形成了现在的峡谷、河道等各种地形。

气候变暖产生最明显的影响之一，就是地球上的冰会加快融化。

地球的南极和北极常年被冰雪覆盖，而那里的生物早就适应了在冰上生活，无论是海豹、企鹅还是北极熊，都需要在冰上休息。近年来，夏季海冰大量减少，使得南极和北极的动物活动空间和食物大量减少，北极熊因为找不到大块浮冰和食物而瘦骨嶙峋，而南极的企鹅的栖息地也因为冰架的坍塌而缩小和改变。

根据近年来的观测，高耸的喜马拉雅山脉上那些形成于四五千万年前的冰川，大约已经减少了 1/4。高山冰川融化形成的大量雪水，有可能形成猛烈的山洪，甚至引发泥石流，威胁低海拔地区。

冰川融化后的水，都会汇集到海洋中，使得海面上升，淹没海拔较低的地区。比如太平洋中的岛国马尔代夫，陆地平均海拔只有 1.2 米。如果全球气温上升 1.5℃，海平面将上升 40 厘米；如果全球气温上升 2℃，海平面将上升 60~140 厘米。到那时候，马尔代夫或许将变成“水下国家”。

海平面上升，同样会严重影响到沿海的城市。许多发达的大城市都靠近海滨而建，随着海面的上升，上海、东京、纽约、旧金山等城市都会面临着被海水侵蚀、倒灌甚至淹没的危险。

全球变暖，不仅会使冰川融化，海平面上升，海水也开始升温。很多对水环境温度敏感的海洋生物会受到巨大的影响，比如五彩缤纷的珊瑚礁就会因为海水升温而白化、死亡，进而使栖息在珊瑚礁中的鱼、虾甚至海藻等生物都失去家园。

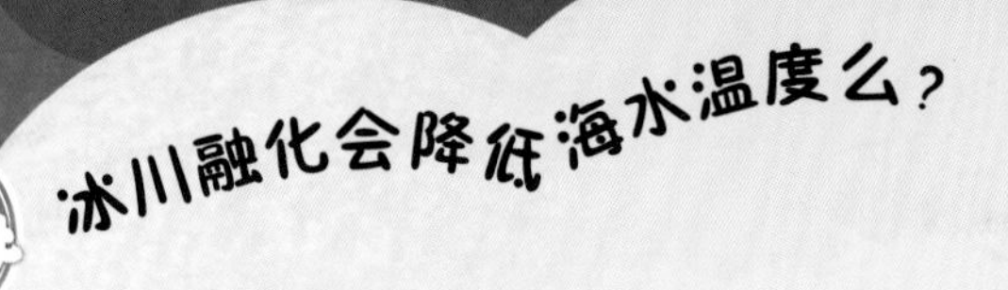

冰川融化后注入海水中，的确能降低海水的温度。事实上，地球生态系统有着一系列的方式来减缓气候变化，除了冰川融化能使海水降温，森林、湖泊、湿地的存在也都能延缓全球升温趋势，所以保护森林、湖泊、湿地非常重要，这能为人类应对气候变化赢得一些时间。而科学家们正借此时机加紧努力，找到更多缓解地球变暖的方法。

全球变暖，也会影响到陆地的生物。

我们都知道，湿地被誉为“地球之肾”，它不但是污染物的过滤器，也是动物的补给站。但是，随着气候变暖，水分蒸发加剧，许多湿地渐渐干涸；在海水的洗刷下，一些滨海湿地渐渐盐化。

随着湿地面积的逐渐减少，许多依赖湿地生存的昆虫、虾类、贝类等无脊椎动物，以及鱼类、两栖类和爬行类动物，被赶出了湿地生态系统。由此造成的连锁反应是：迁徙鸟类的营养补给站不复存在。失去湿地提供的食物，候鸟们如何能继续展翅远行呢？

全球变暖导致的气候变化还可能导致森林退化、草地沙化、沙漠面积扩大等难以预计的生态环境灾难，让更多的动植物因无法快速适应而濒临灭绝。

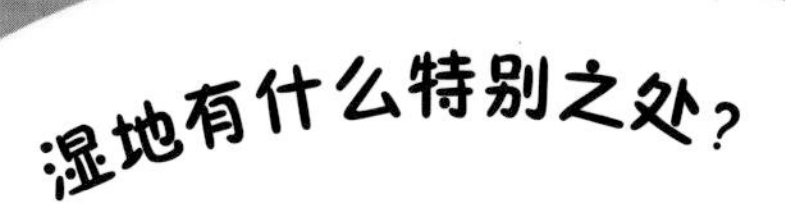

湿地是指一片湿润或者经常积水的区域，其中的植物、动物、微生物和周边的环境，组成了独特的生态系统。湿地不但养育了各种生物，还具有调节小气候、改善局部水质等功能。

全球变暖，还会使在冻土下封埋了千万年的一些细菌和病毒逃出困境，因为它们从来就没有真的彻底死亡和永久消失。

随着气候变暖，冰山和冰川正在一层一层地融化、消退，埋在冰下深层的细菌、病毒等来了复活的机会。有的病菌，比如在人间早已消亡的炭疽杆菌，已经从西伯利亚的冻原下“跑”了出来，导致成千上万的驯鹿接连死去；再比如已经被人类宣布灭绝的天花病毒，也许正在冻土下跃跃欲试，等待着重生的那一天，为害人间。2020 年前后，一类从未发现过的新型冠状病毒，让全世界数亿人感染，上百万人丧生，其来源至今未能查明。

茫茫冻土下，也许藏着更多不知名的病毒和细菌。它们一旦脱离束缚，散布到地球的四面八方，人类的命运将会如何?

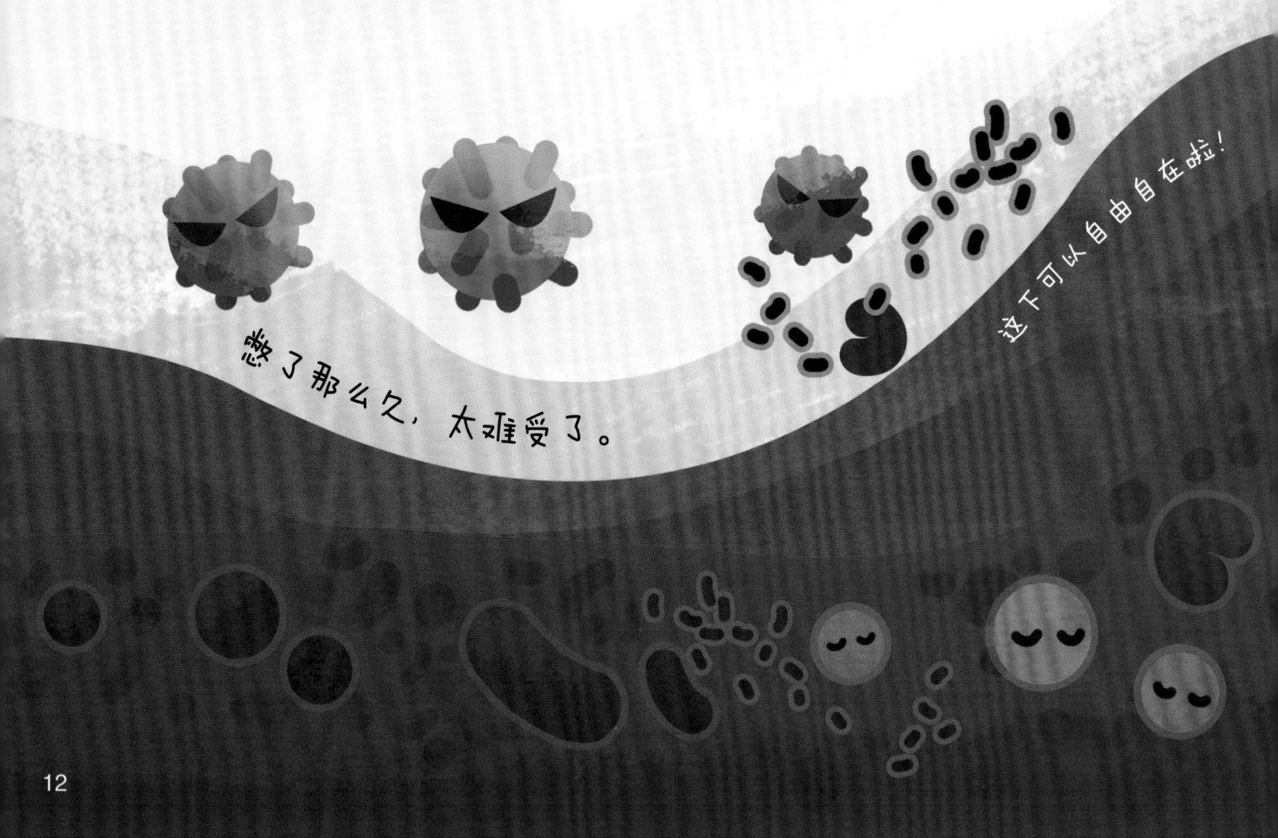

什么是永冻土？

永冻土也称永冻层，指因气候寒冷而持久保持冰冻状态的土石层。以北极地区为例，冻土层分为两层，上层约50厘米，夏季融化，冬季冻结；下层常年冻结，就是永冻层。永冻层中有大量的水分，所以是冰与土的混合物，大量的细菌就“冬眠”在其中。

耍赖！耍赖！

去你的南方，别来抢地盘！

候鸟和留鸟有什么不同？

真相大揭秘

候鸟是指随着季节的变化而定时飞到不同温度地区的鸟类，如大雁、野鸭等，在冬季前从北方飞往南方越冬，到了春季又从南方飞到北方繁殖。

留鸟是指终年留居在出生地，不随季节变化而迁飞的鸟类，如麻雀、喜鹊等。

全球变暖打破了自然界的规律，地球生物圈在不知不觉中乱了套。

往常，昆虫们最难熬的就是冬天。为了保存自己，昆虫们使出了各种过冬大招，有的潜入水下，有的钻入土里，有的躲在巢穴中不再动弹；为了繁衍后代，它们在夏秋季节就纷纷以产卵、变成幼虫或蛹来延续生命。可是如今，即便是冬天，苍蝇、蚊子、蟑螂等依然随处可见，不再藏匿；农作物天敌蝗虫则早早地大肆繁殖，横扫着全世界的良田。

这么暖和，
真不想走了。

也是因为全球变暖，在地下冬眠的青蛙没到春天就醒了过来，它们懵懵懂懂地爬出洞穴，却找不到填饱肚子的食物。冬天快来了，原本要迁徙南飞的候鸟却似乎忘了季节，迟迟赖在原地不走，结果和留鸟发生了领地之争。

那么，到底是什么让地球在持续变暖呢？是火山爆发，还是太阳黑子？

都不是。

其实，是地球上空的大气层有了变化。地球的上空，有一个厚厚的大气层，除了氧气，还有大量温室气体。它们让太阳光顺利通过，照向地球；还能吸收从地球表面反射回来的红外线辐射，从而保持地球不会损失太多的热量。正是有了大气层的保护，人类才获得了舒适的气候环境，万物生长才有了稳定的生存条件。

可是，随着人口越来越多，工业化快速发展，能源消耗巨大，这些人为因素产生的温室气体急剧增加，大大改变了原来的自然气候。温室气体在地球大气层中越积越多，就好像给地球盖上了厚厚的棉被，地球表面的热量“散发”不出去，就变得越来越热。这就是全球变暖。

温室效应是怎么形成的？

温室效应是指透射阳光的密闭空间由于与外界缺乏热对流而形成的保温效应，即太阳短波辐射可以透过大气射入地面，而地面增暖后放出的长波辐射却被大气中的二氧化碳等温室气体所吸收，热量被留在了大气层内，从而产生了大气变暖的效应。除了二氧化碳，空气中的水蒸气、二氧化碳、氟利昂、甲烷、一氧化二氮等，都是温室气体。

地球上空温室气体急剧增加的主要原因是人类在工业革命之后对地球资源的大规模利用。

工业革命使得人类有能力开采和利用地球表面更多的自然资源，并消耗大量的能源对资源进行加工，以满足自身衣食住行的各种需求。随着人类生活水平的不断提升，大量煤炭、石油等化石能源被开采，然后通过燃烧产生能量，例如发电，用于生产和生活的各个方面。这些化石能源在提供能量的同时，也会产生大量二氧化碳等温室气体。二氧化碳本身是一种很轻的气体，可是，目前人类活动每年排放的二氧化碳总量竟然超过 400 亿吨！

为什么要用煤和石油作为燃料？

作为燃料，必须容易点燃，燃烧稳定，热量充分，而且还要资源丰富，容易获得，方便加工使用。所以，柴草、粪便、煤炭、石油、天然气等含碳物质就成了比其他大多数物质理想的燃料。其中，蕴藏在地下亿万年的煤和石油储量极大，热能效率高，但却难以开采。直到工业革命以后有了强大的机器，煤和石油才被大规模开发，并且很快就成为过去数百年中人类最主要的能源来源。

工业革命开发了大量化石能源，制造了各种机器，从很多方面大大提高了人类生活水平，这使得全球人口总数不断增加。新增的人口需要更多的食物、衣服和住房，需要不断拓展生活的空间，因此，通过砍伐森林来扩大耕地和城市面积就成了必然，更多的木料被用于搭建住房和其他用途。现在，全世界平均每分钟就有 20 公顷的森林面积消失，相当于 30 个足球场那么大。

森林面积的不断减少，加剧了温室气体含量的提高，因为森林被称为“地球之肺”，具有吸收二氧化碳、释放氧气的重要功能。森林减少，使得地球吸收二氧化碳的能力降低，大气中的二氧化碳含量进一步提高。

哪些是清洁能源？

煤炭、石油等化石能源在开采、加工、燃烧等过程中都会排放大量温室气体，近几十年来，科学家正是逐步发现了化石燃料过度使用的后果，才开始加快研究利用水能、风能、太阳能、地热能、氢能等清洁能源，这些能源在开发和使用过程中较少产生环境污染和温室气体。现在，以太阳能和风能为主的可再生能源的占比越来越大。

温室气体增加还源自人们在现代工作和生活中繁忙的旅行。汽车、火车、轮船、飞机都使交通变得无比便利。但是，这些现代化的交通工具，大都还燃烧着来自远古的化石能源。它们在把便捷带给千家万户的同时，也大大提升了地球温室气体的排放。

在古代，人们想要去千里之外或者跨越重洋，少则数日，多则数月。

如今，用不了一天，就可以乘坐飞机横跨地球。越过高山、飞过海洋，都变得轻而易举。无论是城市还是乡村，只要铁轨铺到，公路修到，火车和汽车就能快捷到达。更别说繁闹的大都市里，汽车川流不息。

如何才能做到绿色出行？

减少不必要的旅行，或者选择更环保的“绿色交通”方式，能有效减少温室气体的排放。例如，短途可以步行、骑自行车；稍远距离可以乘坐公共交通工具，如地铁、轻轨，减少使用私家车；远距离可以尽量选择铁路交通，它与航空和公路运输相比，温室气体排放得较少。

蓝天白云下的草原上，牛羊成群，诗情画意。但你知道吗？这些反刍动物吃饱喝足，打嗝放屁，居然也会产生大量的温室气体呢！

和 20 年前相比，畜牧业的发展带来的温室气体排放增长了至少 16%，其中 90% 来自反刍动物，其中牛是排放温室气体最多的反刍动物。在全世界的农场中，饲养着至少 16 亿头牛！

真相大揭秘

为什么反刍动物排放的温室气体特别多？

反刍是动物的一种消化方式，常见于牛、羊、鹿、骆驼等食草动物。它们的胃结构比较特别，因此常常会把吞食到胃里的食物重新送回口腔里慢慢咀嚼。由于这些食物在胃里经过了初步发酵，所以产生了大量温室气体，它们在反刍过程中被不断地排放到大气中。

反刍动物排放的温室气体包括甲烷、一氧化二氮和二氧化碳等，其中，甲烷的温室效应是最厉害的，它的作用比二氧化碳高出 84 倍。

为了减少牛羊排放的温室气体，人们想了很多办法。有的畜牧场在牛羊的食物中增加了特殊添加剂，抑制它们排气；有的给它们戴上有氧化剂的口罩，捕捉它们呼出来的甲烷，并通过氧化反应使之转化成二氧化碳和水。

全球变暖最重要的原因就是温室气体排放大大增加，而几乎所有温室气体中都少不了一种元素——碳。所以，要想减缓全球变暖的趋势，就要减少温室气体排放，也就说是要降低碳排放。

中国是世界上最大的发展中国家，到目前为止，仍有大约70%的能源来自煤炭，并且还需要进口大量石油。无论是燃烧煤炭还是石油来提供能源或其他产品，都不可避免地会产生大量二氧化碳。

真相大揭秘 你知道“巴黎协定”吗？

这是一份为2020年后全球应对气候变化行动做出的协定，于2015年12月12日在巴黎气候变化大会上通过，2016年4月22日正式签署。该协定的长期目标是将21世纪全球平均气温上升幅度控制在2℃以内，并且不高于前工业化时期的气温水平1.5℃。

不过，中国已经以国家的名义向全世界承诺：在2030年达到碳排放的峰值，在2060年前实现碳中和。碳中和是一个很高的目标，意思就是说二氧化碳等温室气体的排放量和吸收量要达到平衡。要实现碳中和，必须一方面更多地利用清洁能源，减少碳排放；另一方面通过开发新技术，来捕捉已经排放出来的碳，然后将它们封存或者转化。

在我们生活的地球上，碳元素几乎无处不在。地壳里、大气环境中以及生物体内，都有大量的碳元素。

地壳中埋藏着丰富的含碳化石燃料——煤、石油、天然气等，它们为人类提供了宝贵的能源。

在大气中，碳元素以二氧化碳的形式存在。它不仅是植物生长最基本的“粮食”，又是一种温室气体，有助于使地球保持温暖，为丰富多彩的生物提供适合的环境。

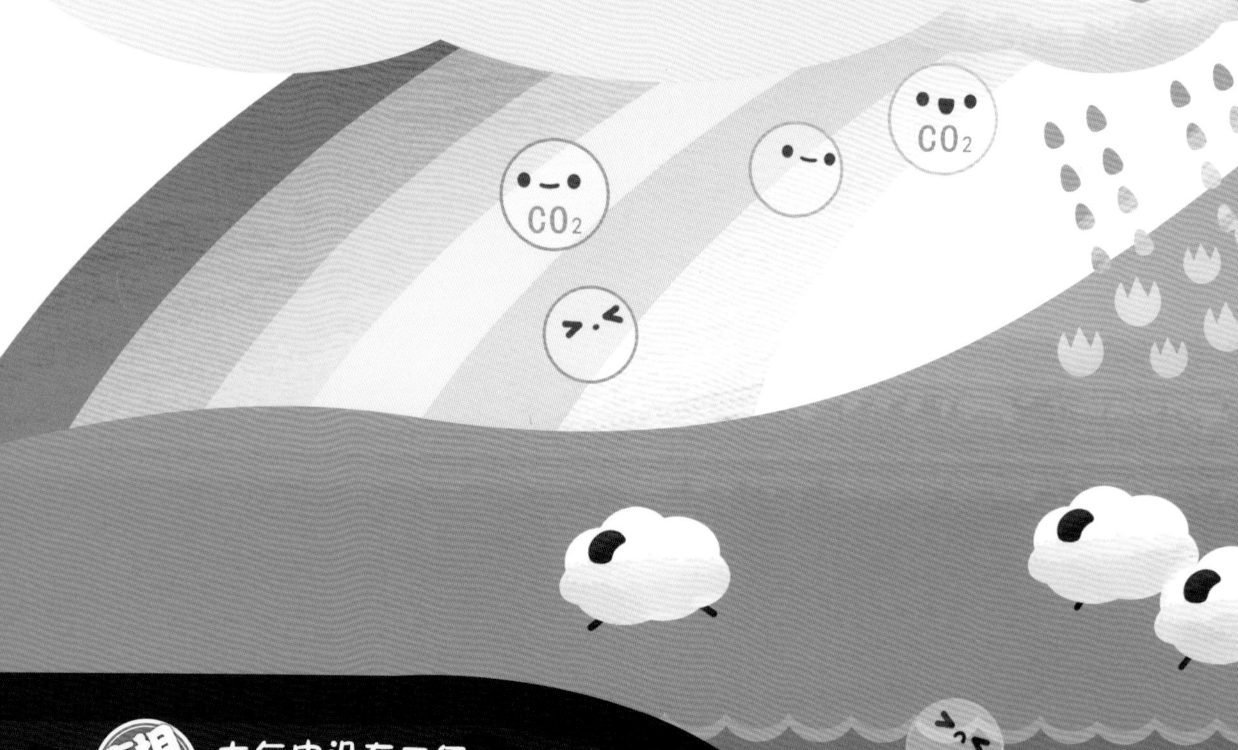

大气中没有二氧化碳会怎样？

如果大气中没有二氧化碳，温室效应会急剧减弱，这将导致太阳辐射带来的热量中很大一部分不能被大气吸收而反射到太空中，地球的平均气温就会急剧降低到零下，重新回到冰河时期。另一方面，如果大气中没有了二氧化碳，植物就无法通过光合作用来生长，进而引发又一次生物大灭绝。

碳元素还是几乎所有生物体的基础，无论是我们人类还是动物、植物、微生物。因为蛋白质是生命的重要组成成分，氨基酸则是构成蛋白质的基础。氨基酸的化学式是 RCHNH2COOH。红色的 C 就是碳。可以说，地球上的生物就是“碳基生物”。

人类很早就发现了碳的存在。早在公元前3700多年，苏美尔人和埃及人就开始利用碳来还原金属矿石。

1789年，法国化学家安托万·拉瓦锡正式命名了“碳”，这个名字来源于拉丁文“carbo”，意思就是“木炭”。在化学元素周期表中，碳元素的位置居中，表示它兼具金属和非金属的性质。在常温下，碳比较稳定，不易和其他物质发生反应。

碳有哪些“兄弟”？

金刚石和石墨都是纯净的单质碳，可以说是“亲兄弟”。不过，它们的结构不同，所以“性格”也大相径庭。金刚石坚硬无比，被称为“硬度之王”，可作为切割、研磨、钻孔的工具。金刚石还具有极强的光泽，加工后就是璀璨的钻石。石墨的质地软滑，缺乏光泽，但导热性和导电性很好，可用来制作铅笔芯、润滑剂和电极材料等。

自然界中存在着纯净的单质碳，包括石墨、金刚石和微晶形碳。更多的碳是以化合物的形式存在的。由于碳元素大量地存在于自然界中，很容易获取，因此被广泛利用，成为最重要的化工原料。

C2
C3
C2
化学家就像魔法师
一样神通广大！
C4
C1

我们日常生活的衣食住行等各个方面，都离不开碳元素的鼎力相助。你知道它们在哪里吗?

化学家从自然界中大量、方便地获取的碳，主要来自煤、石油和天然气。根据这些原料中碳结构的不同，可以将它们重组或拆解成几种重要的基础模块，称为 C1、C2、C3……C8。经过精密地分析和研究这些模块的性能、特点，化学家采取了合成、裂解、重整等不同的工艺，从而制造出形形色色的现代生活必需品。

例如，C1 原料可以制成甲醇，用来制造甲醛、醋酸等多种有机物，是农药和医药的重要原料；乙烯属于 C2，很多个乙烯分子连接起来组成聚乙烯，用它制成用途广泛的塑料；C3 丙烯摇身一变成了丙烯酸，可以制成色彩绚丽的颜料；丁二烯是 C4 的产物，能生产出不同性能的合成橡胶，汽车轮胎就是用它做的；还有 C5、C6、C7、C8……

含碳资源不但是制造各种物质的原材料，而且作为化石燃料，还是十分重要的能源。可是，在把它们转变为生产原材料的过程中，或者在把它们作为能源进行利用的时候，都会有一部分碳原子和空气中的两个氧原子手拉手形成二氧化碳，排放到空气中，从而增加大气中温室气体的总量。

怎样才能使碳能物尽其用，又不会变成温室气体，造成地球变暖呢?

优秀的化学家同时也是出色的“碳管家”。他们仔细检查每一项生产步骤，尽量使有可能散失到空气中的碳重新回到生产过程里，再通过对生产工艺不断进行优化，这些碳资源就能生产出更多有用的产品了。

在巴斯夫的一体化生产基地里，化学家在生产装置之间搭建了精细的管道系统，使得生产过程中产生的废料和耗费的能量被再次利用，这样就避免了对碳资源的浪费。同时，化学家正在研究使用更清洁、可再生的能源，使得化学工业变得更绿色、更清洁。

化石原料中的碳经过化学家的“魔法”，变成了许许多多有用的物品。不过，在这些复杂的生产工艺过程中，一部分碳被保留在了各种物品中，另一部分碳则可能会逃逸到空气中，成为温室气体的一部分。为了管理好碳的排放，从化石原料进入工厂的那一刻开始，巴斯夫的化学家便开始追踪其中碳的足迹。拆解、制造、运输，每一个环节都被仔细记录，并被转交给下一个环节，直至它们成为商品摆上货架。

所以，即使是一个小小的塑料瓶，从原料变成产品的过程中，化学家都花费了很多精力来控制“碳”逃到空气中。如果我们在使用后将它随手抛弃，藏身其中的“碳”资源就会被浪费，甚至在作为垃圾被焚烧时，还会排放二氧化碳等温室气体。

为了使被废弃的“碳”重获新生，巴斯夫的化学家正努力尝试从混合废弃物中把“碳”分离出来，将它们重新投入到生产中去。这样，一方面提高了碳的利用效率，一方面又能减少温室气体排放。

科学家在减少温室气体的研究方面努力着，那我们普通人呢？你可能觉得自己太微不足道了，但事实上，我们每一个人，都能够有了不起的贡献。

如果有可能，家里购置小汽车时尽量选用清洁能源的车辆。即便家里有车，我们出门仍然可以选择乘坐地铁、公交车，或者骑自行车甚至徒步，这些都是节约能源的绿色举动。如果大家都这样做，就可以大大减少机动车的尾气排放，降低空气中的 PM2.5 浓度，减少大气层中的温室气体，带来天更蓝、水更清、空气更新鲜的回报。

除了减排，我们还可以增绿。窗台、花园、绿地、郊野公园……在每一个空间，每一个角落，我们都可以努力增绿。绿化多了，森林多了，能够更多地吸收空气中的二氧化碳，减缓全球变暖。

下一次植树节到来的时候，跟着嘟嘟博士行动起来，参加植树造林活动吧。

真相大揭秘 科学家有哪些减排妙招？

科学家们已经找到了很多减少二氧化碳排放的方法。比如，为房屋提供更好的保温材料和密封性更好的门窗，以减少冬天采暖和夏天空调的耗电；使用塑料替代部分钢铁制成的汽车零件，为汽车减轻重量，从而节省燃油消耗；研究新型饲料，以减少反刍动物产生的温室气体；研究开发更高效的太阳能电池板和风力发电机，以更多地替代化石燃料……

白炽灯的电能大
多变成了热量。

即使不出门，在家也可以节能减排。

把家里的照明灯检查一遍，看看是否都是节能型的。节能灯的寿命要比白炽灯的长 10 倍，一个 11W 节能灯的亮度相当于一个 60W 的白炽灯。你还可以及时关掉暂时不用的电器，特别是那些待机状态的小灯。

许多家庭都用上了洗衣机、洗碗机甚至扫地机，虽然它们都是有用的生活帮手，但开动每一个机器，都会消耗能源，相当于在产生温室气体。所以，如果有时间，有精力，不妨考虑一下手工劳作。

盛夏和寒冬，是每个家庭消耗能源的高峰时段。但是，不要长时间地开空调，这样做既有利于身体健康，也能节约电能。

生活中可以节能的地方还很多，比如可以拒绝一次性用品，特别是塑料制品；少点外卖；做好垃圾分类，特别是可回收垃圾……

家庭小实验：泡泡的魔法

在我们呼吸时，氧气分子进入体内，被转化为二氧化碳，为细胞维持有序工作提供所需要的能量。在我们呼出的气体中含有大约 4% 的二氧化碳。可是，二氧化碳在通常情况下是一种无色无味的气体，我们很难发现它。

有没有办法“看见”呼吸出来的二氧化碳呢？跟着嘟嘟博士一起来试试吧！

1. 将紫甘蓝切成丝，放入水壶中；

2. 在水壶中加入清水，烧开；

3. 将紫甘蓝水倒入两个杯子中，各约 100 毫升；

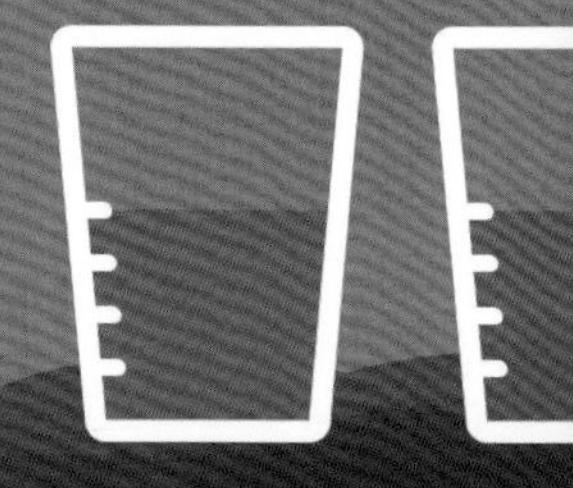

4. 放置 5 分钟，等待紫甘蓝水稍凉；

其中一杯水中由于吹入了二氧化碳，所以水的颜色变成了______。通过这个实验，我们就可以“看见”呼吸出来的二氧化碳了。

5. 在一个杯子中插入吸管，并持续向水中吹气；

6. 2～3 分钟后，对比两个杯中紫甘蓝水的颜色。

扫码关注小小化学家社区，获取更多实验灵感！

“巴斯夫®小小化学家”网络实验室

访问 www.basfvirtuallab.com，开启挑战之旅！

小小实验员们，你们好。欢迎来到小小化学家网络实验室！在我身后的九大实验室中，隐藏着与日常生活息息相关的化学谜题。只有聪明、细心的实验员才能发现线索，成功完成实验，破解难题。你们准备好接受挑战了吗？

发泡颗粒之谜

阴冷潮湿或是闷热难受的房间很难让人心情愉快。

想要拥有一间“冬凉夏暖”的魔法屋吗？

答案就藏在“发泡颗粒之谜”里！

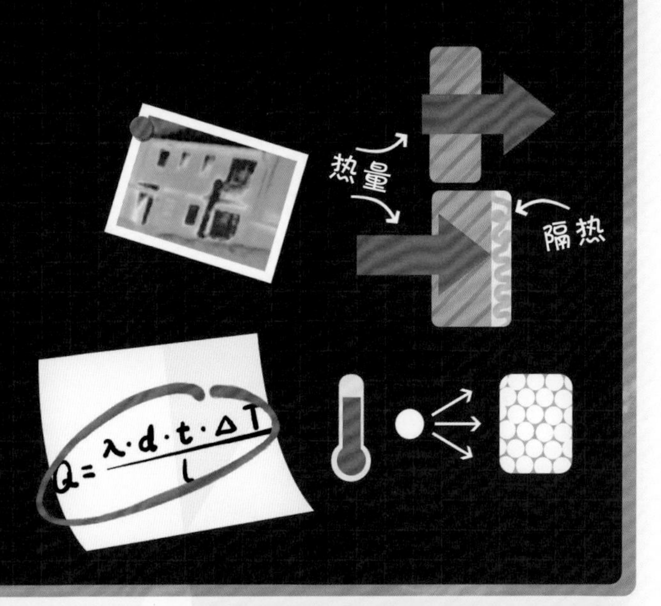

太阳的能量

在我们生活的星球上，万物生长都离不开来自太阳的光和热。

怎样才能又快又多地收集来自太阳的能量呢？

快来解锁“太阳的能量”挑战！

来自嘟嘟博士的邀请

大家好，我是嘟嘟博士。

非常高兴和大家一起经历这次探索“碳”的旅程。

如果你也和我一样，对生活中的化学充满好奇心，欢迎你来到我工作的地方——巴斯夫小小化学家实验室。在这里，你们可以自己动手实验，探索化学世界；也可以学习科学方法，体验化学家的日常工作。

2002年，我来到中国。我的足迹遍布中国的大江南北，上海、南京、重庆、广州、沈阳、武汉、香港、台北、高雄……为超过20万小朋友带去了有趣的实验课。

期待有一天，与你在巴斯夫小小化学家实验室相遇！

图书在版编目（CIP）数据

给地球降温：做低碳一族 / 刘以文编著 .—上海：少年儿童出版社，2022.8

ISBN 978-7-5589-1356-3

Ⅰ．①给… Ⅱ．①刘… Ⅲ．①节能—青少年读物 Ⅳ．① TK01-49

中国版本图书馆 CIP 数据核字（2022）第 128834 号

给地球降温

——做低碳一族

刘以文　编著

谢凌雁　绘图

出版人　冯　杰

责任编辑　郝思军　美术编辑　陈艳萍

责任校对　黄亚承　技术编辑　陈钦春

出版发行　上海少年儿童出版社有限公司

地址　上海市闵行区号景路 159 弄 B 座 5-6 层　邮编　201101

印刷　上海中华商务联合印刷有限公司

开本 787 × 1092　1/16　印张 3

2022 年 8 月第 1 版　　2022 年 8 月第 1 次印刷

ISBN 978-7-5589-1356-3 / N · 1215

定价 48.00 元

版权所有　侵权必究